阿根廷
国家足球队
官方商品

# 挚爱蓝白

----- 励志手账 -----

# 群星○经典

阿根廷足协（中国）办公室 编



北京时代华文书局

AFA

# 为什么

**世界上有那么多球迷如此深爱着阿根廷队？**

AFA

**因为他是潘帕斯草原上翱翔的雄鹰，激情四射、魅力无穷。**

**因为蓝白间条衫传承的是荣耀，更是对梦想的执着。**

**因为他潇洒、飘逸、浪漫，有时候完美无瑕，有时候色调悲情。**

AFA

**在足球的世界里，这样的阿根廷队，你怎能不爱呢？**

**“上帝之手”、世纪最佳进球、26 脚传递破门……**

**一个个永载足球史册的精彩瞬间。**

AFA

**马拉多纳、梅西、巴蒂斯图塔……**

**一个个让人激动不已的名字。**

**这些经典永远流传，这些故事永远珍藏。**

AFA

# 从零开始

**阿根廷队的首场比赛是在 1901 年 5 月 16 日，对阵乌拉圭队，最终阿根廷队以 3 ：2 战胜对手。**

Vamos-

rgentina

# Vamos-

rgentina

AFA

# 首夺世界杯

**1978年6月25日，世界杯决赛，肯佩斯梅开二度，阿根廷队3：1战胜荷兰队，首次夺得世界杯冠军。**

AFA

rgentina

Vamos F

rgentina

# “上帝之手”

**马拉多纳，一个传奇的名字。1986 年世界杯，他制造了永恒的争议，但也缔造了永恒的经典。**

Vamos-

Vamos-

rgentina

★ ★
AFA

# 世纪进球

**过五关，斩六将，这是足球版的千里走单骑，20 世纪最佳进球，怎能不让人疯狂？缔造者，依然是马拉多纳。**

Vamos-

Vamos

rgentina

AFA

# 神奇绝杀

**1986 年 6 月 29 日，世界杯决赛，马拉多纳助攻布鲁查加绝杀联邦德国队，阿根廷队以 3 ： 2 的比分战胜对手，第二次获得世界杯冠军。**

Vamos-

rgentina

Vamos-

rgentina

AFA

# “风之子”绝杀

**1990年意大利世界杯1/8决赛，比赛最后时刻，马拉多纳精彩助攻，“风之子”卡尼吉亚上演“追风速度”，一剑封喉，阿根廷队1∶0淘汰巴西队。**

Vamos-

rgentina

rgentina

AFA

# “英阿大战”

**1998 年世界杯，阿根廷队与英格兰队交锋，再度奉献经典之战，紧张、刺激、跌宕起伏、魅力无限。**

Vamos

Vamos-F

# “战神”之泪

**2002年韩日世界杯是“战神”巴蒂斯图塔的最后一届世界杯，阿根廷队对阵瑞典队的小组赛成为巴蒂斯图塔的谢幕之战，巴蒂斯图塔的泪水让世界动容。**

Vamos-

rgentina

Vamos-

AFA

# 26 脚传递

**2006年世界杯小组赛，阿根廷队对阵塞尔维亚和黑山队。阿根廷队演绎极致配合，连续26脚传递，由坎比亚索完成致命一击，这是世界杯历史上最精彩的团队配合式进球。**

AFA

Vamos-

Vamos

rgentina

AFA

# 复刻经典

**2014年世界杯，在阿根廷队对阵尼日利亚队的小组赛中，阿根廷队第一个进球复刻经典，球在61秒的时间里被连续传递20次，最终梅西接到反弹球后左脚劲射入网。**

AFA

Vamos

rgentina

Vamos-

rgentina

# 一步之遥

**2014年世界杯决赛，德国队凭借格策在第113分钟的进球绝杀阿根廷队。梅西与大力神杯擦肩而过的瞬间成为世界杯的经典画面，他还要继续追逐自己的世界杯冠军梦想。**

AFA

Vamos-

Vamos-

rgentina

# 圆梦美洲杯

**2021年美洲杯决赛，阿根廷队凭借迪马利亚的进球1 ：0战胜巴西队，时隔28年再次获得大赛冠军。梅西捧杯瞬间，意味深长。**

Vamos-

Vamos

rgentina

Vamos

rgentina

AFA

# 旗帜飘扬

属于阿根廷队的足球故事依然在书写。在足球的世界里，阿根廷队会继续为我们奉献无数的经典，因为“蓝白旗帜”永远飘扬。

Vamos

AFA

Vamos

rgentina

Vamos-

rgentina

征程继续，
经典永恒。

“上帝之手”、世纪最佳进球……
一个个永载足球史册的精彩瞬间。
马拉多纳、梅西、巴蒂斯图塔……
一个个让人激动不已的名字。
这些经典永远流传，
这些故事永远珍藏。
在足球的世界里，
阿根廷队，你怎能不爱呢？

VAMOS
ARGENTINA

ISBN 978-7-5699-4661-1

定价：99.00 元（全四册）